Abel Hernández-Muñoz

DEMOGRAFIA DA PALMEIRA SIERRA ESPIRITUANA EM BAMBURANAO, CUBA

Abel Hernández-Muñoz

DEMOGRAFIA DA PALMEIRA SIERRA ESPIRITUANA EM BAMBURANAO, CUBA

Estudo populacional da palmeira Gaussia spirituana Moya et Leiva (1991), no maciço montanhoso de Bamburanao, Cuba.

ScienciaScripts

Imprint
Any brand names and product names mentioned in this book are subject to trademark, brand or patent protection and are trademarks or registered trademarks of their respective holders. The use of brand names, product names, common names, trade names, product descriptions etc. even without a particular marking in this work is in no way to be construed to mean that such names may be regarded as unrestricted in respect of trademark and brand protection legislation and could thus be used by anyone.

Cover image: www.ingimage.com

This book is a translation from the original published under ISBN 978-620-2-16288-3.

Publisher:
Sciencia Scripts
is a trademark of
Dodo Books Indian Ocean Ltd. and OmniScriptum S.R.L publishing group

120 High Road, East Finchley, London, N2 9ED, United Kingdom
Str. Armeneasca 28/1, office 1, Chisinau MD-2012, Republic of Moldova, Europe
Printed at: see last page
ISBN: 978-620-7-85114-0

ÍNDICE

INTRODUÇÃO

As palmeiras identificam-se com os ambientes tropicais, quer se trate de florestas húmidas ou de amplas savanas, de altas montanhas dos trópicos ou de oásis.

São plantas de grande importância económica no mundo, e milhões de pessoas em áreas tropicais e subtropicais do mundo dependem delas, direta ou indiretamente, para a sua sobrevivência.

Existem muitas espécies de palmeiras cultivadas que são plantadas fora dos países tropicais. Especialmente nas zonas de clima mediterrânico, onde uma grande variedade delas pode viver ao ar livre. Nos países temperados e boreais, por outro lado, são geralmente cultivadas em estufas.

Este grupo de árvores está constantemente a aumentar devido à descoberta contínua de novas espécies e às modificações que a classificação sofre à medida que a família é estudada em maior profundidade. Atualmente, o número de géneros é de cerca de 180, agrupando cerca de 2.400 espécies. Tomámos como referência a classificação publicada em Genera Palmarum. The evolution and classification of palms (2008), escrito por John Dransfield, Natalie W. Uhl, Conny B.Amussen, William
J. Baker, Madeline M. Harley e Carl E. Lewis.

A família Arecaceae (Arecaceae) é a única família da ordem Arecales (antiga ordem Princes) das Monocotiledóneas e inclui todas as palmeiras; de facto, chamava-se Palmaceae antes de adquirir o seu nome atual. É uma família de grande originalidade e representa um grupo bastante natural e homogéneo, uma vez que as várias espécies combinam um hábito arbóreo, lâminas foliares largas e um sistema vascular muito bem desenvolvido em todos os seus órgãos vegetativos, formado por numerosos pequenos feixes vasculares separados, cada um envolvido por uma bainha fibrosa. Nos seus caules ou estipes são frequentes as cicatrizes deixadas pelas folhas quando estas caem. São geralmente plantas com caules não ramificados (monocaules), embora algumas, como Hyphaene e Nypha, possam ter ramificações dicotómicas. Para além disso, os estipes são geralmente encimados por uma coroa caraterística de folhas, cada uma com uma base larga e apertada. As folhas são bastante complexas e podem ter várias formas e tamanhos. As inflorescências são também muito diversas na sua forma. As flores são unissexuais ou bissexuais e as plantas são monóicas ou dióicas, embora nalguns casos possam ser poligâmicas. A polinização pode ser anemófila (pelo vento), embora seja geralmente entomófila (por insectos); algumas espécies são polinizadas apenas por coleópteros (coleopterófilas). O fruto é carnudo, uma baga ou drupa monospérmica.

Esta família botânica inclui o género Gaussia, que tem duas espécies em Cuba: *Gaussia princeps* Wentland (1865) dos mogotes de Viñales, na província de Pinar del Río; e *Gaussia spirituana* Moya et Leiva (1991), distribuída no maciço montanhoso de Bamburanao, no centro-norte de Cuba.

A espécie pinareña é mais conhecida, mas não existem dados sobre a demografia de *G. spirituana* Moya et Leiva (1991), uma palmeira endémica ameaçada de extinção, e apenas se conhecem algumas estimativas populacionais a priori; por conseguinte, o objetivo geral desta investigação é fornecer informações sobre as principais características demográficas desta espécie.

Os objectivos gerais eram:

1. Especificar as localidades onde esta palmeira é encontrada,

2. Quantificar os números da população,

3. Determinar os grupos etários da demonstração,

4. Determinar o tipo de distribuição.

5. Fazer um perfil da vegetação onde a planta vive.

REVISÃO DA LITERATURA

Arecaceae

Arecaceae

Palmeira de coco, *Cocos nucifera*

Taxonomia **Reino**: Plantae

Divisão: Angiospermae

Classe: Monocotyledoneae

Subclasse: Commelinidae

Encomendar: Escalas de areia

Arecaceae Schultz Sch.

Família: Família **Palmae** nom.cons.) N.º 76 em LAPG III 2009[1

Subfamílias

- Arecoideae
- Calamoideae
- Ceroxiloideae
- Coryphoideae
- Nypoideae
- Phytelephantoideae

As Arecaceae (nome científico **Arecaceae**, sinónimo **Palmae**), são uma família de plantas monocotiledóneas, a única família da ordem **Arecales** (sinónimo **Principales**). São vulgarmente conhecidas como **palmeiras** ou **palmitos**. Os indivíduos desta importante família são fáceis de reconhecer visualmente, embora possa haver confusão com espécies das famílias **Cycadaceae** e **Zamiaceae** devido a semelhanças morfológicas. São plantas lenhosas (mas sem crescimento secundário do caule, apenas primário). Apesar de serem monocotiledóneas, muitas delas são arborescentes, com grandes folhas em coroa na extremidade do caule, geralmente pinadas (pinnatisectas) ou palmadas (palmatisectas). As flores têm 3 sépalas e 3 pétalas e estão dispostas em inflorescências com uma ou mais espatas. O fruto é carnudo: uma baga ou uma drupa. Encontram-se amplamente distribuídas nas regiões tropicais e temperadas, mas principalmente nas regiões quentes.

[2]A família foi reconhecida por sistemas de classificação modernos, como o sistema de classificação APG III (2009) e APWeb (a partir de 2001).[3] Tradicionalmente, era também reconhecida noutros sistemas de classificação devido aos seus caracteres morfológicos distintivos. Nestes sistemas de classificação, são colocados na sua própria ordem monotípica Arecales, na subclasse Commelinidae.

As palmeiras incluem espécies de importância económica e espécies de valor ornamental, bem como outras como o coqueiro, a palmeira de óleo, a tamareira, o palmito, a roca, a cera de carnaúba, a ráfia, entre outras.

No mundo, crescem como espécies tropicais, e há concentrações delas em países como Madagáscar. A Colômbia é o país com o maior número de variedades e uma delas é a árvore nacional. Para além disso, existem vários jardins botânicos especializados em palmeiras, muitas vezes designadas por palmetum. Algumas destas colecções incluem o Palmetum de Santa Cruz de Tenerife e o Palmeral de Elche em Espanha, o parque nacional El Palmar em Entre Ríos, Argentina, e, em menor escala, o Jardim Botânico de Caracas na Venezuela, e o Jardim Botânico Nacional de Cuba em Havana, Cuba. Existem também importantes colecções de palmeiras no Jardim Botânico Molino de Inca, em Torremolinos (Málaga) e no Jardim Botânico La Concepción, em Málaga.

Descrição

Palmeira *Copernicia sp.* em Romero, Manatí, La Sierpe, a sul de Sancti Spíritus, Cuba.

[4]Árvores ou arbustos com troncos não ramificados ou raramente ramificados, ocasionalmente ervas rizomatosas longas ou palmeiras trepadeiras não ramificadas (por exemplo, *Calamus*). O sexo das plantas é variável. Crescimento secundário ausente. Ápice do caule com um grande meristema apical, as folhas desenvolvem-se helicoidalmente. Taninos e polifenóis frequentemente presentes. Pèlos variados e plantas por vezes espinhosas devido a segmentos de folhas modificados, fibras expostas, raízes pontiagudas ou crescimentos do pecíolo.[5]

O sistema radicular é sempre adventício, com origem no hipocótilo e nos nós inferiores do caule, uma vez que a raiz seminal primária é substituída numa fase precoce do desenvolvimento da plântula, pelo que a raiz da palmeira é fasciculada (fibrosa), com ramificações abundantes, geralmente curtas e muito densas, formando um bolbo na base do tronco, que lhe confere suporte mecânico, além de absorver água e elementos minerais. As palmeiras podem ter simbiose micorrízica.

O caule é geralmente arborescente, com um único tronco não ramificado (dicotomicamente ramificado em *Hyphaene*) ou num tufo caespitoso de caules erectos, ou num rizoma ereto dicotomicamente ramificado (*Nypa*), ou num caule esguio e alongado, semelhante a um bambu, mas com suporte (rattans). Em algumas espécies atinge mais de 30 m de altura.

As folhas típicas são bastante grandes, alternas e espiraladas (raramente disticuladas ou tristiculadas), muitas vezes agrupadas numa coroa terminal (acrocaulis), mas por vezes amplamente separadas, inteiras, embainhadas na base, com um pecíolo alongado e ereto (por vezes referido como pseudopecíolo) entre a base da bainha e a lâmina. Nos taxa arborescentes, as bases das bainhas das folhas adjacentes podem sobrepor-se umas às outras, formando um capitel no ápice do tronco. As folhas podem ser simples, geralmente divididas em pinadas ou palmadas à medida que a folha se expande e, na maturidade, aparecem palmadas-lobadas (com segmentos que irradiam de um único ponto), costapalmadas-lobadas (com segmentos mais ou menos palmados que divergem de um eixo central curto, ou "costa"), pinadas-lobadas ou compostas (com um eixo central bem desenvolvido que suporta segmentos pinados), ou raramente duas vezes pinadas compostas. Por vezes bífida. Em alguns taxa, os folíolos são convertidos em espinhos. Lamina "plicada", e segmentos induplicados (em forma de V em secção transversal) ou reduplicados (em forma de Λ em secção transversal), cada segmento com nervuras mais ou menos paralelas a divergentes. O pecíolo, nos taxa com folhas palmadas, com uma aba ("hastula"), entre o pecíolo e a lâmina. Com tecidos moles frequentemente em decomposição que revelam uma variedade de padrões de fibras. Sem estípulas. Folhas tipicamente liguladas, com o apêndice, a lígula, na junção interna entre a lâmina e o pecíolo. A venação é pinada.
-ou de sobreposição paralela.

Palmeiras no Jardim Botânico de Sancti Spíritus, Cuba.

Inflorescências determinadas ou indeterminadas, panículas ou espigas de flores solitárias ou unidades cimosas, tipicamente axilares ou também terminais, com pequenas a grandes brácteas persistentes e caducas. As inflorescências surgem por baixo (infrafoliares) ou entre (interfoliares) ou por cima (suprafoliares) das folhas. O pedúnculo tem um perfilho em baixo, muitas vezes grande, com 1 a numerosas espatas.

Flores bissexuais ou unissexuais (e depois monóicas a plantas dióicas), radiais, geralmente sésseis, com perianto geralmente diferenciado em cálice e corola, hipóginas.

Normalmente 3 sépalas, separadas ou ligadas, geralmente imbricadas.

Normalmente, 3 pétalas, separadas a conadas, imbricadas a valvadas.

Estames 3 ou 6 a numerosos, filamentos separados ou ligados, livres ou aderentes às pétalas. Estaminódios presentes em algumas espécies. Anteras longitudinais, raramente poricidas na deiscência.

Pólen geralmente monosulcado.

Carpelos geralmente 3, mas ocasionalmente até 10, por vezes

aparecendo como um só, separados ou em conato. Ovário sucumbente, geralmente com placentação axilar, mas a placentação é variável. Estilos, se presentes, separados ou conados, estigma séssil ou na ponta dos estilos, estigma variado. Óvulos 1 por lóculo, anatrópicos a ortotrópicos, bitégmicos.

Nectários nos septos do ovário ou sem nectários.

O fruto é uma drupa, geralmente com uma única semente, muitas vezes fibrosa, ou raramente uma baga. Raramente deiscente. Algumas têm escamas externas (Calamoideae), pêlos, ferrões ou outras estruturas de proteção.

Sementes geralmente uma por fruto e com endosperma rico em óleos ou hidratos de carbono (hemiceluloses), por vezes ruminam. Ausência de amido.

Ecologia

Portão de entrada do Jardim Botânico de Sancti Spíritus, uma palmeira jata à direita.

Amplamente distribuídas nas regiões tropicais e subtropicais, principalmente em locais com elevada humidade, com mais de 2400 mm de precipitação média anual, mais de 160 dias de chuva e mais de 21 °C. Devido à sua abundância, são frequentemente importantes do ponto de vista ecológico nos locais onde ocorrem. Encontram-se também em zonas temperadas (por exemplo, *Chamaerops*), sobrevivem em ambientes desérticos (*Phoenix spp.)*, desde florestas tropicais a mangais (*Nypa fruticans*) e desde o nível do mar (*Cocos nucifera*) a altitudes muito elevadas (*Trachycarpus*).[5][6]

Em todo o mundo, existem mais de 2.400 espécies, pertencentes a 27 tribos em cinco subfamílias. Cerca de 790 espécies crescem selvagens nos Neotrópicos (Dransfield et al. 2008). As regiões neotropicais mais ricas em espécies encontram-se na região de Chocó, onde até 83 espécies podem ser encontradas numa área de cerca de 10.000 km², seguida pela região do Istmo Mesoamericano (Panamá e Costa Rica) (Bjorholm et al. 2005). Só a Colômbia tem 289 espécies agrupadas em 66 géneros, o que a torna o país mais rico das Américas em termos de espécies de palmeiras, e o maior número de espécies endémicas com um total de 33 espécies, equivalente a 15% do número total de palmeiras no território; infelizmente, a Colômbia é também o país com o maior número de palmeiras ameaçadas nas Américas, com 30 espécies em alguma categoria de espécies ameaçadas, 17 das quais são endémicas). Os géneros mais representativos na Colômbia são: *Astrocaryum, Bactris, Chamaedorea, Desmoncus, Euterpe, Geonoma, Mauritia, Oenocarpus* e *Syagrus.*[7]

As flores das palmeiras são geralmente polinizadas por insectos, especialmente escaravelhos, abelhas e moscas. [8]O néctar é frequentemente utilizado como recompensa pela polinização (Henderson 1986).

[9]Os frutos das palmeiras são geralmente carnudos e dispersos por uma grande variedade de mamíferos e aves, embora alguns (como *Nypha* e *Cocos*) sejam dispersos pela água e flutuem nas correntes oceânicas (Zona e Henderson 1989).

Filogenia

[10][11][12][13][14][15][16][17][18]Um vasto conjunto de trabalhos efectuados ao longo de um período de cerca de 30 anos clarificou a nossa compreensão das palmeiras (ver, por exemplo, Dransfield 1986, Dransfield e Uhl 1998, Henderson 1995, Henderson *et al.* 1995, Moore 1973, Moore e Uhl 1982, Tomlinson 1990, Uhl e Dransfield 1987, Zone 1997). [19][20]Dransfield *et al.* (2005) apresentam uma clarificação da família com base em relações moleculares (ver especialmente Asmussen *et al.* 2006).

Arecaceae é fácil de reconhecer e monofilética. As palmeiras são facilmente identificadas, embora não existam ((sinapomorfias)) consistentes para a família. [21]Uhl e Dransfield (1987) e Uhl et *al.* (1995) identificaram dois caracteres diagnósticos principais: 1) caules "lenhosos" (devido à presença de esclerênquima fibroso, não crescimento secundário), e 2) folhas plissadas nos botões e divisão subsequente na maioria dos grupos.

Calamoideae tem folhas pinadas a palmadas e frutos distintos que são cobertos por escamas reflexas imbricadas (um carácter sinapomórfico). Os géneros notáveis são *Raphia*, *Mauritia*, *Lepidocaryum*, *Metroxylon* e *Calamus*.

A Nypa (Nypoideae) tem um caule prostrado que é dividido dicotomicamente, e folhas erectas, pinadas e tépalas indiferenciadas. São conhecidos fósseis da Europa e da América do início do Terciário.

Análises filogenéticas de múltiplas sequências de ADN mostram que a subfamília Calamoideae é irmã de todas as outras palmeiras. *Nypa* (o único género de Nypoideae), um género caraterístico das comunidades de mangais da Ásia e do Pacífico ocidental, seria irmã de todas as outras palmeiras (exceto Calamoideae). [22][21]*Nypa* e Calamoideae formam então um complexo parafilético, com folhas geralmente pinadas e reduplicadas, enquanto os restantes géneros, com folhas geralmente costapalmadas ou palmadas e induplicadas - as Coryphoideae - formam um grupo monofilético (Hahn 2002, Uhl *et al.* 1995).

Arecoideae tem folhas pinadas e flores em grupos de 3 (tríades), com uma flor carpelar rodeada por duas flores estaminadas (provavelmente uma sinapomorfia, mas perdida em alguns subgrupos). Dentro de Arecoideae, alguns grupos monofiléticos bem definidos são evidentes.

Hyophorbeae (que tem, por exemplo, *Chamaedorea*, *Hyophorbe*), tem flores imperfeitas em linhas.

As Cocoeae têm a inflorescência associada a uma bráctea grande, lenhosa e persistente e os frutos com endocarpo triporado, semelhante a uma pedra, e incluem géneros como *Elaeis, Cocos, Syagrus, Attalea, Bactris, Desmoncus* e *Jubaea*.

A Iriarteae (que inclui, por exemplo, *Iriartea e Socratea*) tem raízes pernaltas e segmentos foliares com ápices rombos e nervuras divergentes.

[23]A maior parte das Arecoideae são colocadas dentro de uma Areceae heterogénea (Baker *et al.* 2006), os géneros representativos incluem *Areca*, *Dypsis*, *Wodyetia*, *Veitchia*, *Ptychosperma* e *Dictyosperma*. Estas palmeiras apresentam por vezes uma estrutura constituída por uma série de bases de folhas grandes ou sobrepostas, que se assemelha a uma extensão vertical do caule.

As Coryphoideae são tradicionalmente divididas nas 3 primeiras tribos abaixo, mas aqui é incluída uma quarta:

- As monogérmicas Phoeniceae (*Fénix*, tamareiras) têm folhas pinadas distintas em que os segmentos basais são semelhantes a espinhos.
- As Borasseae (que incluem, por exemplo, *Latania, Borassus, Lodoicea* e *Hyphaene*) têm flores estaminadas inseridas em eixos de inflorescência espessos.
- A maioria dos géneros de Coryphoideae são colocados numa terceira tribo, a heterogénea "Corypheae". Os géneros notáveis incluem *Chamaerops, Rhapis, Licuala, Copernicia, Corypha, Washingtonia, Serenoa, Livistona, Rhapidophyllum* e *Acoelorraphe*, e são difíceis de caraterizar como um todo. Géneros como *Sabal, Thrinax* e *Coccothrinax* são fenotipicamente semelhantes e foram aqui

incluídos, mas a sua inclusão tornaria a tribo não monofilética.

- [24][25][22]Caryoteae (palmeiras rabo-de-peixe), incluindo por exemplo *Caryota* e *Arenga*, formam um clado distinto dentro de Coryphoideae (Asmussen *et al.* 2000, Asmussen e Chase 2001, Hahn 2002) devido às suas tríades florais (que evoluíram em paralelo com as de Arecoideae). Este grupo apresenta segmentos foliares induplicados, rombos e com nervuras divergentes.

Taxonomia

[2][1]A família foi reconhecida pela APG III (2009), tendo a Linear APG III (2009) atribuído o número de família 76. [26]A família já tinha sido reconhecida pela APG II (2003).

No sistema APG III encontra-se na ordem monotípica Arecales, subclasse Commelinidae, classe Monocotyledoneae. O sistema de classificação APG II, que não utiliza nomes formais acima do nível da ordem, colocou-a no clado Commelinidae, que se manteve desde a publicação do sistema APG em 1998 até à atualidade.
Os sistemas anteriores colocavam o grupo na subclasse Arecidae (Cronquist, 1981) ou na superordem Arecanae (Dahlgreen, Thorne).

O nome Arecales, formado de acordo com as regras do Código Internacional de Nomenclatura Botânica a partir do género-tipo *Areca* (que inclui a palmeira de bétel, *Areca catechu*) é de uso relativamente recente. As nomenclaturas tradicionais utilizavam o nome descritivo Principales, que em latim *significa as mais antigas*.

Como exceção à regra da prioridade, os antigos nomes utilizados por Linnaeus podem ainda ser utilizados para esta família: Palmae para a família e Principales para a ordem. Os nomes Palmaceae ou Palmaceae são rejeitados pelo Código Internacional de Nomenclatura Botânica. São designadas por palmeiras em Espanha, no Uruguai, na Argentina e no Chile, e por palmitos na maior parte dos países da América.

A grande família tem 200 géneros e 2780 espécies. Os géneros mais representados são *Calamus (*370 espécies), *Bactris (*200 espécies), *Daemonorops* (115 espécies), *Licuala (*100 espécies) e *Chamaedorea*

(100 espécies).

Seguem-se alguns dos géneros da família, com algumas das suas espécies, a sua autoria botânica e os seus nomes comuns, tal como são utilizados nos diferentes países de língua espanhola.

- *Aiphanes*
  - *Aiphanes caryotifolia* (H.B.K.) J.C.Wendl. - Mararay (Venezuela, Equador e Colômbia)
- *Areca*
- *Arenga*
- *Astrocário*
  - *Astrocaryum aculeatum* G.Mey. - cumare (Venezuela e Colômbia)
  - *Astrocaryumstandleyanum* -Guerregue , Wérregue, Chunga (Chocó).
- *Attalea*
- *Bactris*
  - *Bactris gasipaes* Kunth - chontaduro (Peru, Colômbia e Venezuela)
  - *Bactris brongniartii* - Cubarro, palmeira cubarro, Albarico.
  - *Bactris guineensis* (L.) H.E.Moore
- *Borassus*
- *Ceroxylon*
- *Cocos nucifera* L. - coqueiro
- *Copernicia*
  - *Copernicia tectorum-Sará*, Palmiche (Colômbia e Venezuela)
- *Chamaedorea*
  - *Chamaedorea pauciflora* -lakake (Miraña)
- *Chamaerops*
  - *Chamaerops humilis* L.: Palmito, Margalló (Espanha, em espanhol e catalão)
- *Desmoncus*
  - *Desmoncus polyacanthos* -Matamba, alcaide de Bejuco (Venezuela e Colômbia)
  - *Desmoncus* mitis-Atajadanta (Amazonas), prefeito de Bejuco
- *Elaeis*
  - *Elaeis guineensis* Jacq. - Palmeira de óleo, Palmeira de óleo, Palmeira africana
  - *Elaeis oleifera* (H.B.K.) Cortes - Nolí (Venezuela e Colômbia)

- *Euterpe*
  - *Euterpe oleracea* - Murrapo, Palmito, Naidí, Palmiche, Manaca (Colômbia e Venezuela)
  - *Euterpe precatoria* - Asaí, Palmiche, Palma Manaca (Colômbia e Venezuela)
- *Geonoma*
  - *Geonoma deversa* - Goguire de centro de monte (Uitoto), Tataba (Miraña)
  - *Geonoma macrostachys* - Ucsha (Equador), Palmiche (Peru)
- *Iriartea*
  - *Iriartea deltoidea* - Bombona, Bombonaje, Corneto, Trompeto, Barrigona, Cachudo (Venezuela e Colômbia)
- *Jessénia* H.Karst.
  - *Jessenia bataua* Burret Nome correto: *Oenocarpus bataua*
- *Jubaea*
  - *Jubaea chilensis* (Molina) Baill (Chile)
- *Jubaeopsis*
  - *Jubaeopsis caffra* Becc.
- *Howea*
  - *Howea forsterana* (C.Moore & F.Muell.) Becc.
- *Leopoldina*
  - *Leopoldinia* piassaba- Chiquichiqui (Colômbia), Málama (Vaupés), Piaçava (Brasil), Fibra
- *Lepidocário*
  - *Lepidocaryum tenue* - Pui, Caraná, Erere (Uitoto)
- *Livistona*
  - *Livistona australis* (R.Br.) Mart.
- *Lodoiceia*
  - *Lodoicea maldivica* Coco de mer (S e y c h e l l e s), Coco de mer (Seychelles), Coco de mer ou coco das Seychelles)
- *Manicária*
  - *Manicaria saccifera* Gaertn. - Napa (Panamá e Colômbia) ou Cabecinegro (Colômbia)
- *Mauritia*
  - *Mauritia minor* Burret
  - *Mauritiaflexuosa* L.f. -Moriche (Venezuela), Canangucha (Colômbia) ou Aguaje (Equador)
- *Oenocarpus* Mart.

- *Oenocarpus* bataua- Seje, Milpesos (Colômbia), Milpé, Komaña (Uitoto), Ungurahua (Peru)

- *Orbignya* Mart. ex Endl.
- *Phytelephas* Cook
  - *Phytelephas seemanii* - Tagua, palmeira Tagua. Palmeira marfim.
- *Fénix*
  - *Phoenix canariensis* Chabaud- Palmeira das Ilhas Canárias
  - *Phoenix dactylifera* L. - tamareira
- *Rhapis* L.f.º
- *Roystonea* O.F.Cook
  - *Roystonea regia* H.B.K. - Palmeira real, palmeira real cubana, palmeira real cubana
  - *Roystoneaoleracea* O.F. Cook-Chaguaramo (Venezuela), palmeira real (outros países)
- *Sabal* Adans.
- *Salacca* Reinw.
- *Syagrus*
- *Trachycarpus* L.
  - *Trachycarpus fortunei* (Hook.) H.Wendl.
- *Veitchia* H.Wendl. em Seem.
- *Wallichia* Roxb.
- *Washingtonia* H.Wendl.
  - *Washingtonia filifera* (Linden) H.Wendl.
  - *Washingtonia robusta*
- *Weittinia*

[20]A classificação seguinte foi proposta por N.W.Uhl e J.Dransfield em 1987 em *Genera palmarum: a classification based on the work of Harold E. Moore, Jr.* (mas ver novas classificações como Asmussen *et al.* 2006):

Para uma lista de todos os géneros da família botânica Arecaceae, ver Anexo: Géneros e tribos de Arecaceae.

Sinonímia

[3]Sinonímia, segundo a APWeb (acedido em janeiro de 2009):

- de Arecales: **Cocosales** Dumort. - **Arecanae** Takht. - **Arecidae**

Takht. -
Phoenicopsida Brongn.

- de Calamoideae: **Calamaceae** Perleb, **Lepidocaryaceae** O.F.Cook
- de Nypoideae: **Nypaceae** Le Maout & Decne.
- de Coryphoideae: **Borassaceae** Schultz S c h ., **Coryphaceae** Schultz Sch., **Phoeniciaceae** Burnett, **Sabalaceae** Schultz Sch.
- de Ceroxyloideae: **Phytelephaceae** Perleb,
- de Arecoideae: **Acristaceae O**.F.Cook, **Ceroxylaceae** O.F.Cook, **Chamaedoraceae O.**F.Cook, **Cocosaceae** Schultz Sch., **Geonomataceae** O.F.Cook, **Iriarteaceae** O.F.Cook & Doyle, **Malortieaceae** O.F.Cook, Manicariaceae **Manicariaceae** O.F.Cook, **Pseudophoeniciaceae O.**F.Cook, **Synechanthaceae O.F**.Cook

Importância económica

O Parque Nacional El Palmar, Entre Rios, Argentina, é, com 8500 hectares, um imenso território protegido com abundantes exemplares de palmeiras yatay. O parque atrai milhares de turistas anualmente.

De um modo geral, as palmeiras constituem um dos elementos mais importantes para as comunidades amazónicas devido ao seu valor económico, cultural e ecológico, uma vez que fornecem alimentos, habitação e múltiplos artigos que satisfazem as suas necessidades materiais. Muitas espécies de palmeiras têm grande valor atual e potencial como fontes de alimentos, óleos, fibras, medicamentos e outros produtos, incluindo o seu valor como plantas ornamentais; todas as potencialidades acima referidas (exploradas de forma sustentável) podem tornar-se uma valiosa fonte de recursos para a economia.[27]

É uma das famílias botânicas mais importantes do ponto de vista económico.

As plantas alimentares provêm de *Areca*, *Attalea*, *Bactris*, *Cocos* (coqueiro, *Cocos nucifera*), *Elaeis* (oleaginosa, por exemplo *Elaeis oleifera*), *Metroxylon* (fornecedora de amido) e *Phoenix* (tamareira). Muitos géneros têm um botão apical comestível. O *Euterpe edulis* é a palmeira comestível no Cone Sul.

Outras palmeiras importantes do ponto de vista económico são a *Calamus* (e outras chamadas rattan), a *Copernicia* (cera de carnaúba, *Copernicia cerifera*: palmeira de cera), a *Phytelephas* (tagua), a *Raphia* (ráfia) e muitos géneros que fornecem fibras para colchas ou amarras.

Finalmente, a família inclui um grande número de plantas ornamentais, *Caryota*, *Chamaerops*, *Livistona*, *Roystonea*, *Sabal*, *Syagrus*, *Washingtonia*, *Chamaedorea*, *Raphidophyllum*, *Thrinax*, *Coccothrinax*, *Licuala*, *Veitchia*, *Acoelorraphe*, *Butia*, *Copernicia*, *Dypsis* e *Wodyetia*. As plantas ornamentais incluem *Phoenix canariensis* (palmeira das Ilhas Canárias) e *Roystonea regia* (palmeira real cubana) e muitas outras.

Algumas espécies são cultivadas em grandes áreas, como o coqueiro *Cocos nucifera*, a palmeira oleaginosa *Elaeis guineensis* e a tamareira *Phoenix dactylifera*.

A seiva de algumas espécies é concentrada ou fermentada para produzir "méis" e "vinhos" de palma.

O fruto da *Areca catechu* é mastigado na Ásia como estimulante e é conhecido como bétel.

Desambiguação

Algumas espécies vulgarmente designadas por palmeiras, ou confundidas com palmeiras, são:

- [28][28][28]*Cordyline australis* (*Torbay palm, Ti palm*, *Palm lily*) (família Asparagaceae) e outros representantes do género *Cordyline* e talvez também de *Dracaena,* com a qual *a Cordyline* pode ser confundida (e *Aloe* e *Agave*?).
- [28]*Cycas revoluta* (*Sago palm)* e o resto da ordem Cycadales
- [28]*Ravenala* (*Palmeira-dos-viajantes*) (Família Strelitziaceae)
- [28]*Pandanus spiralis*, palmeira-rosca, e talvez outras espécies de *Pandanus*

spp.

- [28]*Cyathea cunninghamii* (*feto da palmeira)* e outros fetos arbóreos (famílias Cyatheaceae e Dicksoniaceae) que podem ser confundidos com palmeiras.
- [28]*Setaria palmifolia* (*Palmeira*), uma Poaceae.
- [28]*Carludovica palmata* (*Palmeira do chapéu do Panamá*) e talvez outros membros da família Cyclanthaceae.

GÉNERO GAUSSIA

Gaussia

G. spirituana

Taxonomia

Reino:	Plantae
Divisão:	Magnoliophyta
Classe:	Liliopsida
Encomendar:	Escalas de areia
Família:	Arecaceae
Subfamília:	Arecoideae
Tribo:	Chamaedoreeae
:	**Género Gaussia**

H.WENDL.

Espécies

- *Gaussia attenuata*
- *Gaussia gomez-pompae*
- *Gaussia maya*
- *Gaussia princeps*
- *Gaussia spirituana*

Sinonímia

- *Aeria* O.F.Cook (1901).
- *Opsiandra* O.F.Cook (1923).[1]

Gaussia é um género de cinco espécies de plantas com flores pertencentes à família das palmeiras (Arecaceae). Distribuem-se no México, na América Central e nas Índias Ocidentais.

Descrição

São árvores com folhas compostas pinadas. A espécie *G.attenuata* encontra-se na República Dominicana e em Porto Rico, a *G.gomez-pompae* encontra-se em Chiapas, Oaxaca e Veracruz no México e a *G.spirituana* encontra-se em Cuba.

Taxonomia

O género foi descrito por Hermann Wendland e publicado em *Nachrichten von der Königlichen Gesellschaft der Wissenschaften und von der Georg-Augusts- Universität* 1865(14): 327-328. 1865.[2]

Etimologia

Gaussia: nome genérico dado em honra do matemático alemão Karl Friedrich Gauss (1777-1855).[3]

Espécies

- *Gaussia attenuata*
- *Gaussia gomez-pompae*
- *Gaussia maya*
- *Gaussia princeps*
- *Gaussia spirituana*

Gaussia spirituana

Gaussia spirituana

Estado de conservação

Gaussia spirituana **Moya & Leiva**

(E) EN D CVM (15)

Em perigo **(IUCN 2.3)**[1]

Taxonomia

Reino:	Plantae
(sem classificação):	Monocotiledóneas
(sem classificação):	Commelinídeos
Encomendar:	Arecales
Família:	Arecaceae
Género:	*Gaussia*
: **Espécie G'**	***spirituana*** MOYA & LEIVA

[editar dados no Wikidata].

A Gaussia spirituana é uma palmeira endémica da Serra de Jatibonico, no centro-leste de Cuba.[2]

Descrição

A Gaussia spirituana tem caules esbranquiçados, que atingem até 7 metros de altura e 30-35 centímetros de diâmetro, inchados na base e afilados para cima. As árvores têm até dez folhas compostas pinadas. Os frutos são vermelho-alaranjados, com 1 cm de diâmetro.[3]

A espécie é considerada em perigo de extinção devido ao facto de se saberem apenas 150 indivíduos vivos, fragmentados em cinco subpopulações.[1] Estão também ameaçados pela destruição do habitat e por agentes patogénicos não nativos.[1]

Taxonomia

A Gaussia spirituana foi descrita por Moya & Leiva e publicada na *Revista del Jardín Botánico Nacional* 12: 16. 1991 [1993].[4]

Etimologia

Gaussia: nome genérico dado em honra do matemático alemão Karl Friedrich Gauss (1777-1855).[5]

spirituana: epíteto latino

MATERIAIS E MÉTODOS

Localização da área de estudo

A área de estudo é o maciço de Bamburanao, no centro-norte de Cuba, que engloba o sub-distrito paisagístico das planícies, alturas e pequenas montanhas da cordilheira (Acevedo, 1984).

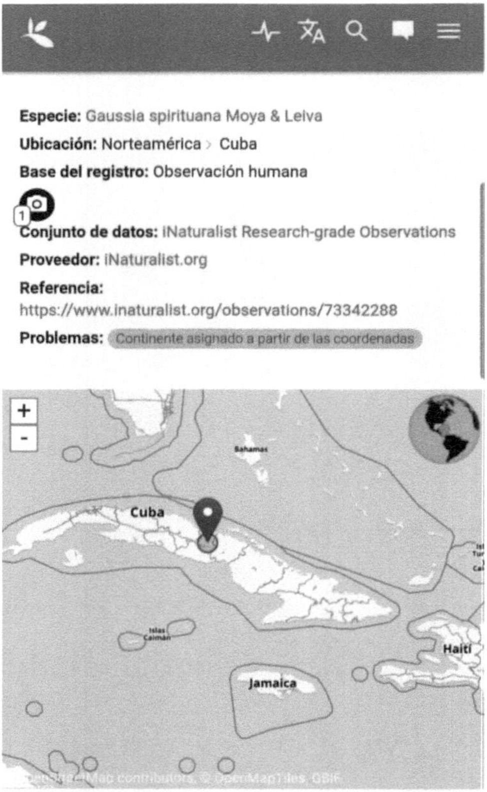

Gaussia spirituana Moya & Leiva

Publicado en: Revista Jard. Bot. Nac. Univ. Habana 12: 16 (1991 publ. 1993)
fuente: Catalogue of Life Checklist

9 REGISTROS

INFORMACIÓN GENERAL ESTADÍSTICAS

1 REGISTRO CON IMÁGENES

5 REGISTROS GEOREFERENCIADOS

5 REGISTROS GEOREFERENCIADOS

5 REGISTROS GEOREFERENCIADOS

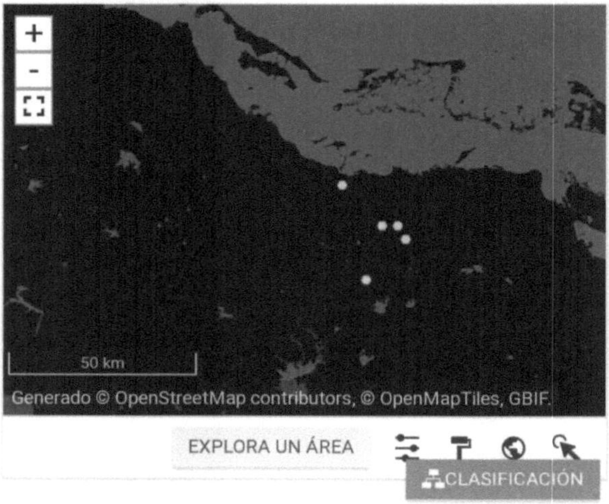

Maciços montanhosos

Principais refúgios da biodiversidade cubana, considerados Regiões Especiais para o Desenvolvimento Sustentável (REDS)

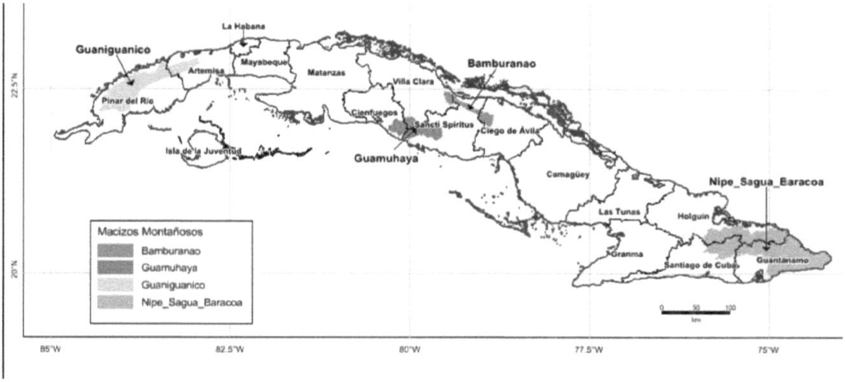

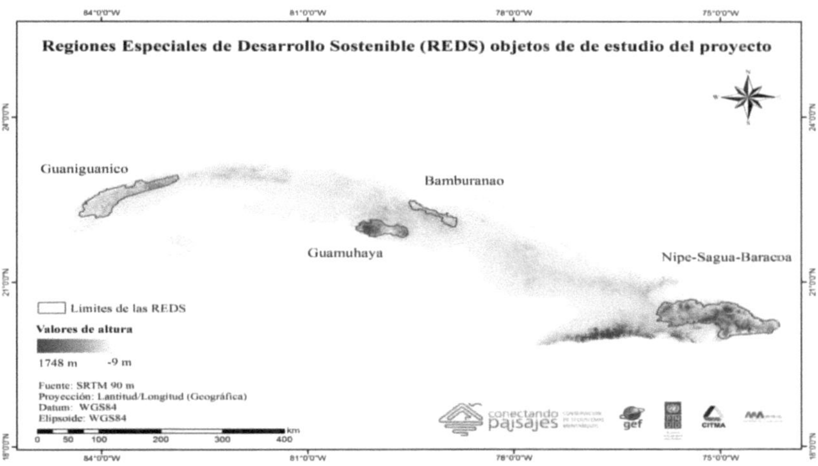

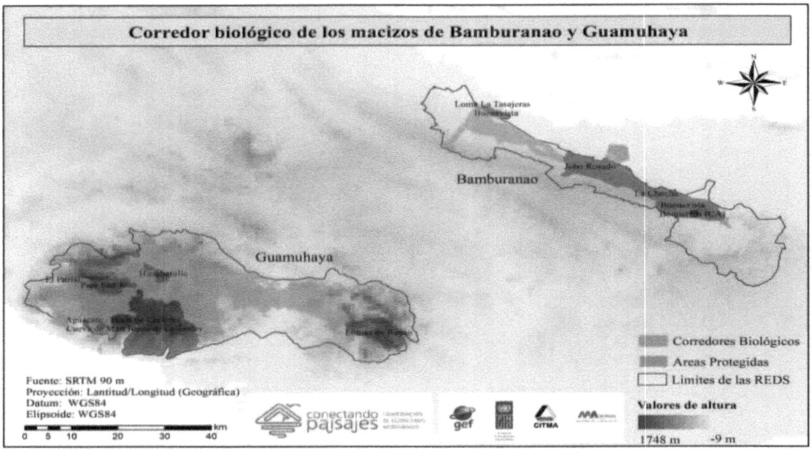

Ocupa a parte oriental do sub-distrito de La Cordillera e estende-se desde o rio Sagua la Chica, que serve de limite com as planícies centrais e as alturas do norte, a oeste, até à zona das planícies de Júcaro a Morón ou La Trocha do distrito de Camagüey-Maniabón, ao longo dos seus contrafortes orientais, perto das cidades de Ciro " Redondo (Pina), Ceballos e Ciego de Ávila, a leste. A norte, confina com a planície central setentrional e com a porção noroeste da planície costeira de Júcaro a Morón e, a sul, ao longo dos seus contrafortes meridionais, com as planícies, terras altas e pequenas montanhas de Cubanacán e com a porção sudoeste da planície de Júcaro a Morón. Este conjunto de paisagens é o mais extenso da subdivisão, com cerca de 2 040 *km2 (*Figura 1).

Devido à sua estrutura, faz também parte da zona de articulação entre o miogeossinclinal e o eugeossinclinal (zonas de Camajuaní e Placetas) e estende-se também a parte do antigo anticlinório de Santa Clara do eugeossinclinal (zona de Santa Clara). Trata-se de uma zona de sobre-esforços e numerosas falhas, como a falha de *Las Villas (*fig. 6.4).

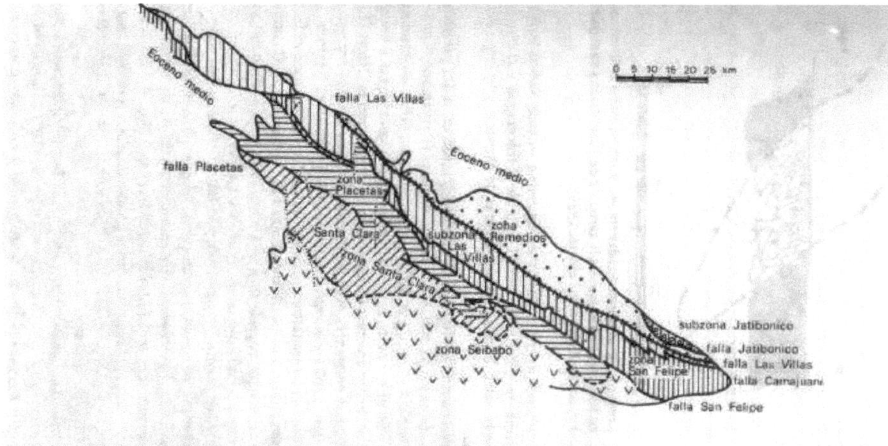

Fig. 6.6 Zonas estructuro-faciales de la región de Santa Clara delimitadas por fallas alineadas de noroeste a sureste (según Kniper y Cabrera, 1974).

As rochas que compõem a sub-distrital são semelhantes às do resto da sub-distrital, essencialmente calcários cretácicos e rochas efusivo-sedimentares, ultrabásicas e básicas. O relevo, em geral, é constituído por pequenas montanhas cuja altura não ultrapassa os 500 *m* e por planícies denudacionais e cársicas: a norte, pequenas elevações petrogénicas com fragmentos de terraços abrasivos e monadnocks; Para o centro da paisagem, cadeias de alturas residuais, entre as quais a serra de Bamburanao (347 *m)* e uma planície de denudação e, para oeste, onde o relevo se torna mais complexo, as serras de Meneses (305 m) e Cueto (240 m), as colinas de La Canoa (250 m), com um relevo fortemente cársico, e a serra de Jatibonico (443 m), que é o ponto alto da sub-distrital.

A cordilheira de Jatibonico é formada por pequenas montanhas de blocos erosivotectónicos cársicos, atravessadas a norte pelo rio Jatibonico com uma parte do seu curso subterrâneo, que apresentam várias superfícies aplanadas, sendo particularmente notável uma, situada a cerca de 200 *m de* altitude, que se encontra muito bem expressa em Las Llanadas, no vale do Alunado e numa planície situada no sopé dos montes Mabuya, perto de Boquerón.

O leito subterrâneo do rio Jatibonico ou Boquerón, a norte, foi atravessado pela primeira vez em 1961 por uma expedição espeleológica polaco-cubana.

Este leito do rio foi escavado ao longo de uma falha e, no seu interior, existe um lago profundo com cerca de 350 *m* de comprimento; a um nível superior encontra-se a gruta Bonita de Boquerones, uma cavidade que está atualmente inativa do ponto de vista hidrológico (Acevedo, 1965).

Os solos distribuem-se de noroeste para sudeste pela seguinte ordem: calcários humificados, latossólicos (ferralíticos vermelhos), calcários vermelhos (rendzinas) e solos castanhos tropicais.

O território é geralmente mais húmido do que o anterior e recebe uma precipitação média anual de cerca de 1 700 *mm,* embora diminua para cerca de 1 400 *mm nas* zonas limítrofes, pelo que a maior parte da área corresponde às paisagens da zona climática das florestas tropicais temporariamente húmidas, com 70 a 80 % da precipitação anual no período das chuvas.

A vegetação, em quase todo o conjunto de paisagens, é de savanas arenosas e argilosas, com árvores planifólias e, nas montanhas baixas e montes pedregosos, é de florestas e vegetação complexa de mogotes: arbórea e arbustiva, Os principais rios da região são: Camajuaní, afluente do Sagua la Chica; Manacas; Caonao, afluente do Zaza; Jatibonico del Norte e Jatibonico del Sur, que nascem neste conjunto de paisagens e desaguam na costa norte e sul, respetivamente, e, finalmente, no Chambas.

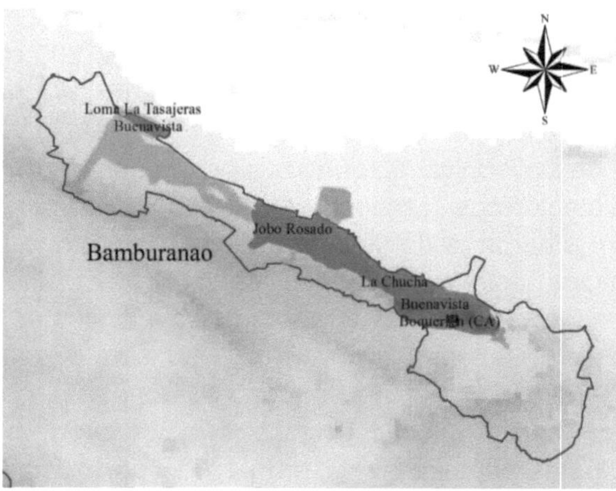

Figura 1. Maciço montanhoso de Bamburanao, área de distribuição das populações relictuais de
G. spirituana.

As cinco populações de *Gaussia espirituana*, uma espécie que se distribui pelos montes Canoa e pela serra deJatibonico, encontram-se neste contexto paisagístico que, do ponto de vista político-administrativo, abrange partes dos municípios de Yaguajay e Florencia, pertencentes às províncias de Sancti Spíritus e Ciego de Ávila (figura 2).

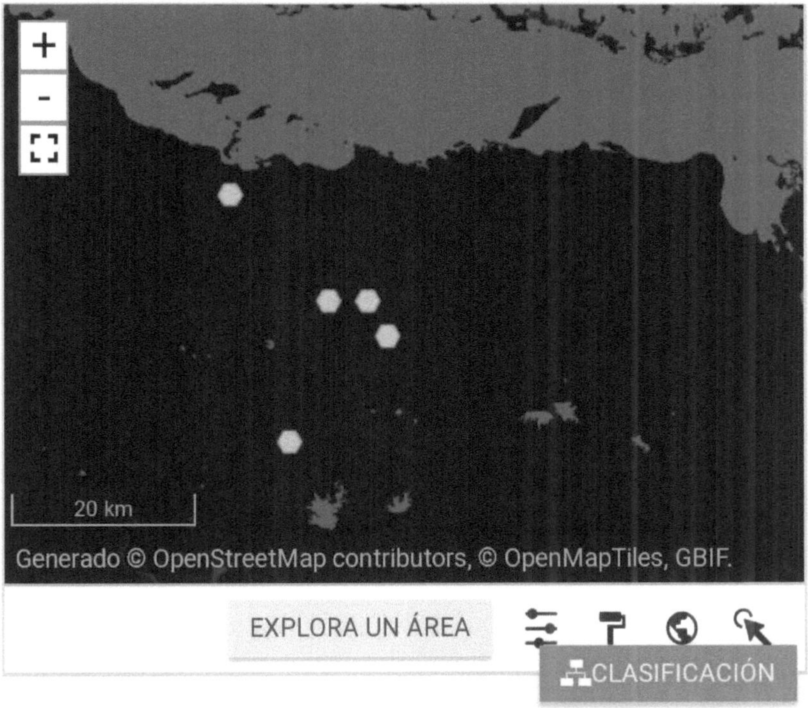

Figura 2: Localização das cinco populações de *G. spirituana*.

Figura 3. Indivíduo de G. spirituana observado em direção à área ornamental do Jardim Botânico de Sancti Spíritus, Cuba.

Metodologia específica utilizada no presente estudo

Em muitos casos, as populações de plantas são importantes fontes de recursos para a agricultura, silvicultura, recreio e refúgio de vida selvagem, pelo que o seu estudo é um aspeto necessário a abordar.

Dentro das características das populações vegetais em geral, a densidade e a distribuição nas populações vegetais são importantes porque nas florestas são os indicadores mais necessários para avaliar a possibilidade de produção de biomassa e a sua extração. A densidade informa-nos sobre o número de indivíduos presentes numa determinada área num determinado momento e a distribuição no espaço ocupado.

Foram escolhidas aleatoriamente 25 parcelas, cinco para cada população de palmeira da Serra Espirituana, e procedeu-se da seguinte forma:

a) Cálculo da densidade

[2]Para determinar a relação entre o número de indivíduos e o espaço que ocupam, foi medida uma área específica ou uma amostra da população de *G. spirituana* de 100 m (um hectare).

$$\text{Densidade} = \frac{\text{N.º de indivíduos}}{\text{Área}}$$

Foram recolhidas cinco amostras de cada população para obter a média.

b) Determinação da distribuição dos indivíduos na população

Em condições naturais, as plantas não se distribuem igualmente no espaço e existem três grandes padrões: aleatório, uniforme e agrupado.

- Aleatório: os indivíduos são distribuídos ao acaso, esta distribuição é muito rara na natureza, em condições de um ambiente muito uniforme.
- Uniforme: os indivíduos são ordenados.
- Em grupos: os indivíduos estão agrupados em densidades variáveis de uma área para outra.

Para determinar a distribuição na população de plantas, a razão de variância média (c) foi obtida utilizando a fórmula:

[22]C =S , em que: S - variância e X - média

X

[2]O número de indivíduos foi retirado da área indicada e da população estudada, em diferentes zonas: o S foi encontrado a partir destes dados e o C foi obtido, se:

C = 1, a distribuição é aleatória,

C > 1, a distribuição é agrupada, C < 1, a distribuição é uniforme.

c) Perfil da vegetação

Muitos estudos de plantas são acompanhados por perfis de vegetação, idealmente com um comprimento representativo da vegetação em estudo. Em Cuba, utiliza-se frequentemente uma área linear de 25 - 50 m (*e.g.* Capote e Berazaín, 1984; González-Torres e Berazaín, 2004). Quanto à largura ou profundidade desta área linear, é frequentemente de 1 m (*por exemplo,* Matos e Torres, 2000; González-Torres e Berazaín, 2004). Em geral, um perfil de vegetação deve representar, à escala, a altura e a distância entre plantas, pelo que os valores dos eixos horizontal e vertical não devem faltar. Cada espécie do perfil deve ser identificada com uma abreviatura, para a qual se utiliza frequentemente a inicial do género e as espécies que compõem o seu nome científico, e são referidas numa legenda.

Figura 4. Vários exemplares de *G. spirituana* no estado selvagem.

RESULTADOS E DISCUSSÃO

Os primeiros resultados obtidos a partir do estudo demográfico das populações de *G. spirituana* referem-se à localização e georreferenciação das cinco demos (quadro 1).

Tabela 1. Localização e georreferenciação das populações da espécie endémica cubana *G. spirituana*. Escala do mapa 1:250 000, coordenadas Lambert.

PROVÍNCIA	MUNICÍPIO	TERRITÓRIO	LOCALIDADE	COORDE-NADAS -x	COORDE-NADAS- e
Ciego de Ávila	Florença	Serra do Jatibonico	Anchova	17-8	26-76
Ciego de Ávila	Florença	Serra do Jatibonico	Jagueycito	17-8	25-71
Sancti Spíritus	Yaguajay	Lomas de la Canoa	La Chucha	17-8	27-68
Sancti Spíritus	Yaguajay	Serra de Meneses	Pedra chinesa	17-8	27-68
Sancti Spíritus	Yaguajay	Lomas de la Canoa	Sul de Mayajigua	17-12	23-68

Das cinco localidades, três estão situadas na província de Sancti Spíritus e duas na província de Ciego de Ávila. As três demos estão localizadas no município de Yaguajay, enquanto as outras duas estão no município de Ciego de Ávila. Além disso, dois estão situados na serra de Jatibonico, outros dois em Lomas de la Canoa e o restante na serra de Meneses.

As populações mais numerosas em termos de indivíduos são as pertencentes ao território de Ávila, enquanto a espécie foi descoberta, estudada e dada a conhecer à comunidade científica através da descoberta efectuada em Piedra China em 1989 e publicada na revista do Jardim Botânico Nacional em 1991.

DEMOGRAFIA DA ESPÉCIE

As populações mais numerosas são as de Jagueycito (53) e Boquerón (48), ambas na serra de Jatibonico, para um total de 101 indivíduos em propriedades de Avileño, enquanto as de Espiritu demos totalizam 106 exemplares, sendo a da serra em torno da cidade de Mayajigua a mais importante (quadro 2).

Tabela 2. Densidades por localidades e total de *G. spirituana* endémica de Cuba.

LOCALIDADE	DENSIDADE
Anchova	
Jagueycito	
La Chucha	
Pedra chinesa	31
Sul de Mayajigua	
T O T A L E S	

Em relação à estrutura etária das populações da espécie, pode-se dizer que os indivíduos adultos predominam numericamente (147), enquanto os juvenis (46) e as plântulas (14) estão presentes em menor número, num total geral de 207 exemplares da palmeira da Serra Espirituana (tabela 3).

Tabela 3: Composição etária das populações de *G. spirituana*.

LOCALIDADE	ADULTOS	JUVENTUDE	PLANTULAS	TOTAL
Anchova				48
Jagueycito				
La Chucha				
Pedra chinesa	21			31
Sul de Mayajigua			1	
T O T A L E S		46		

Relativamente às medidas de tendência central obtidas a partir das estatísticas mais gerais apresentadas no Quadro 4, pode dizer-se que estas forneceram os valores de média e variância necessários para o cálculo de C, determinando assim os valores necessários para definir o tipo de distribuição da espécie na sua distribuição areolar.

Quadro 4: Valores das estatísticas mais gerais para a distribuição da população de *G. spirituana*, uma palmeira endémica e ameaçada do centro de Cuba.

Sample	Mean Individuals	Variance	Standard Deviation	Standard Error	Total Individuals
Sample 1	19,55	756,605	27,506	19,45	39,1
Sample 2	20,55	836,405	28,921	20,45	41,1
Sample 3	20,06	795,207	28,199	19,94	40,12
Sample 4	21,05	877,805	29,628	20,95	42,1
Sample 5	24,055	1146,726	33,863	23,945	48,11
Sample 6	26,55	1399,205	37,406	26,45	53,1
Sample 7	25,05	1245,005	35,285	24,95	50,1
Sample 8	25,55	1295,405	35,992	25,45	51,1
Sample 9	25,05	1245,005	35,285	24,95	50,1
Sample 10	26,055	1346,286	36,692	25,945	52,11
Sample 11	17,05	574,605	23,971	16,95	34,1
Sample 12	17,55	609,005	24,678	17,45	35,1
Sample 13	18,05	644,405	25,385	17,95	36,1
Sample 14	15,56	476,787	21,835	15,44	31,12
Sample 15	16,055	508,486	22,55	15,945	32,11
Sample 16	14,555	417,316	20,428	14,445	29,11
Sample 17	15,55	477,405	21,85	15,45	31,1
Sample 18	15,05	447,005	21,142	14,95	30,1
Sample 19	14,055	388,926	19,721	13,945	28,11
Sample 20	15,56	476,787	21,835	15,44	31,12
Sample 21	18,55	680,805	26,092	18,45	37,1
Sample 22	18,05	644,405	25,385	17,95	36,1
Sample 23	19,55	756,605	27,506	19,45	39,1
Sample 24	17,565	607,958	24,657	17,435	35,13
Sample 25	19,05	718,205	26,799	18,95	38,1

O cálculo de C permitiu-nos conhecer o tipo de distribuição das cinco populações de *G. spirituana*, observando que nas 25 parcelas de amostragem se obtiveram dados de C muito superiores a 1, pelo que a distribuição da espécie em todos os casos é agrupada (quadro 5).

Tabela 5. Valores de C calculados para determinar o tipo de distribuição das espécies.

LOTES	C
Lote n.º 1	38,70
Lote n.º 2	40,70
Lote n.º 3	39,64
Lote n.º 4	41,70
Lote n.º 5	47,67
Lote n.º 6	52,70
Lote n.º 7	49,70
Lote n.º 8	30,70
Lote n.º 9	49,70
Lote n.º 10	51,67
Lote n.º 11	33,70
Lote n.º 12	34,70
Lote n.º 13	35,70
Lote n.º 14	36,64
Lote n.º 15	31,67
Lote n.º 16	28,67
Lote n.º 17	36,70
Lote n.º 18	29,70
Lote n.º 19	27,67
Lote n.º 20	30,64
Lote n.º 21	36,70
Lote n.º 22	35,70
Lote n.º 23	38,70
Lote n.º 24	24,66
Lote n.º 25	37,70

Este resultado é fundamental, pois a distribuição agrupada é classificada como uma estratégia de sobrevivência de grande sucesso, uma vez que o agrupamento de indivíduos ou a sua organização em grupos proporciona grandes vantagens para a resiliência da espécie em questão, pois facilita a reprodução devido ao fato de que a proximidade entre os exemplares favorece a troca de gametas e a fecundação cruzada, além da proteção contra eventos meteorológicos por funcionar como quebra-vento. Os resultados deste agrupamento podem ser observados no número de plântulas e juvenis observados nas unidades de amostragem, o que permite prever a sustentabilidade do tamanho populacional desta espécie, declarada pela IUCN como ameaçada de extinção.

O perfil da vegetação é apresentado na Figura 5.

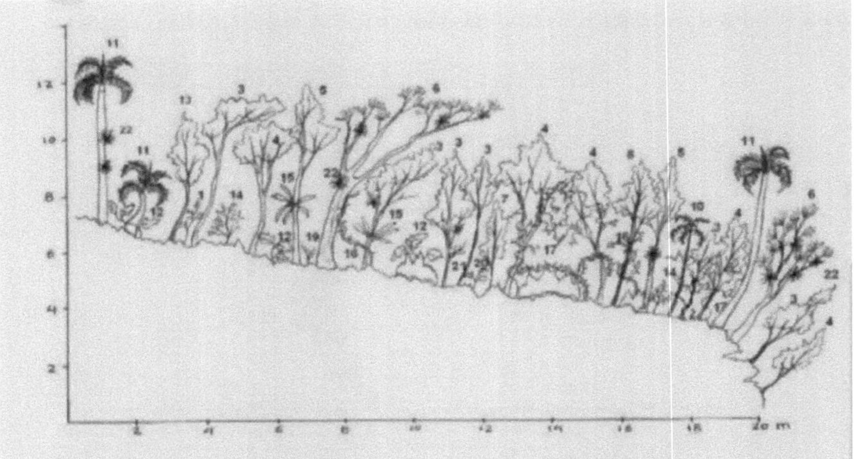

Fig. 5. Complejo de vegetación de mogotes, Cima del Farallón de Agua Santa: 1- *Chascotheca neopeltandra (Griseb.) Urb.*, 2- *Smilax domingensis Willd.*, 3- *Savia sessiliflora (Sw.) Willd.*, 4- *Gymnanthes lucida Sw.*, 5- *Cordia gerascanthus L.*, 6- *Plumeria obtusa L.*, 7- *Picramnia pentandra Sw.*, 8- *Citharexylum spinosum L.*, 9- *Erythroxylum havanense Jacq. var. havanense*, 10- *Comocladia platyphylla A. Rich. ex Griseb.*, 11- *Gaussia spirituana Moya & Leiva*, 12- *Philodendron lacerum (Jacq.) Schott*, 13- *Jacaranda caerulea (L.) Juss.*, 14- *Erythroxylum havanense Jacq. var.*

Esta figura mostra como *a G. spirituana* vive em associação com a fitocenose designada por complexo vegetal de hummock, uma formação vegetal presente na região fitogeográfica saguense e em grande parte do Maciço Montanhoso de Bamburanao.

Neste tipo de matagal, o antepassado comum de *G. princeps* e *G. spirituana* evoluiu de forma independente através da força evolutiva da especiação até ao aparecimento destas duas espécies cubanas endémicas e ameaçadas de extinção.

Nos domos cársicos mogotiformes de Bamburanao, esta espécie sobrevive em populações relíquias, fazendo parte da biocenose vegetal conhecida como vegetação de mogotes.

CONCLUSÕES

Um estudo demográfico da espécie *Gaussia spirituana* Moya *et* Leiva, (1991), mostrou que a palmeira vive em cinco populações. Das cinco populações, três estão localizadas na província de Sancti Spiritus e duas na província de Ciego de Avila. As três de Espiritu demos estão localizadas no município de Yaguajay, enquanto as outras duas estão no município de Ciego de Avila. Dois estão também localizados na serra de Jatibonico, outros dois na serra de Canoa e o restante na serra de Meneses. As populações mais numerosas são as de Jagueycito (53) e Boquerón (48), ambas na serra de Jatibonico, para um total de 101 indivíduos em propriedades de Avileño, enquanto as de Espiritu demos totalizam 106 exemplares, destacando-se a da serra que rodeia a localidade de Mayajigua. Em relação à estrutura etária das populações da espécie, pode dizer-se que predominam numericamente os indivíduos adultos (147), enquanto que os juvenis (46) e as plântulas (14) estão presentes em menor número, num total de 207 exemplares da palmeira da Serra Espirituana.

O cálculo de C permitiu-nos conhecer o tipo de distribuição das cinco populações de *G. spirituana*, observando-se que nas 25 parcelas de amostragem se obtiveram dados de C muito superiores a 1, pelo que a distribuição da espécie em todos os casos é agrupada. Este resultado é fundamental porque a distribuição agrupada é classificada como uma estratégia de sobrevivência muito bem sucedida, uma vez que o agrupamento de indivíduos ou a sua organização num grupo proporciona grandes vantagens para a resiliência da espécie em questão, pois facilita a reprodução devido ao facto de a proximidade entre indivíduos favorecer a troca de gâmetas e a fecundação cruzada, bem como a proteção contra eventos meteorológicos ao funcionar como quebra-vento.

Os resultados deste agrupamento podem ser observados no número de plântulas e juvenis observados nas unidades amostrais, o que permite prever a sustentabilidade do tamanho populacional desta espécie, declarada pela IUCN como ameaçada de extinção. O perfil da vegetação permite inferir que *G. spirituana* vive associada à fitocenose conhecida como complexo vegetal dos mogotes, formação vegetal presente na região fitogeográfica saguense e em grande parte do Maciço Montanhoso de Bamburanao.

RECOMENDAÇÕES

Apresentar esta investigação às autoridades do Centro Nacional de Áreas Protegidas de Cuba, para que seja dada prioridade à criação de uma área protegida que inclua toda a área de distribuição desta espécie endémica da flora da ilha de Ciuba, ameaçada de extinção.

REFERÊNCIAS

1. 1 2 Elspeth Haston, James E. Richardson, Peter F. Stevens, Mark W. Chase, David J. Harris. The Linear Angiosperm Phylogeny Group (LAPG) III: a linear sequence of the families in APG III Botanical Journal of the Linnean Society, Vol. 161, No. 2. (2009), pp. 128-131. doi:10.1111/j.1095-8339.2009.01000.x Key: citeulike:6006207 pdf: http://onlinelibrary.wiley.com/doi/10.1111/j.1095-8339.2009.01000.x/pdf

2. 1 2 O Angiosperm Phylogeny Group III ("APG III", por ordem alfabética: Brigitta Bremer, Kåre Bremer, Mark W. Chase, Michael F. Fay, James L. Reveal, Douglas E. Soltis, Pamela S. Soltis e Peter F. Stevens, com contribuições de Arne A. Anderberg, Michael J. Moore, Richard G. Olmstead, Paula J. Rudall, Kenneth J. Sytsma, David C. Tank, Kenneth Wurdack, Jenny Q.-Y. Xiang e Sue Zmarzty) (2009). "Uma atualização da classificação do Angiosperm Phylogeny Group para as ordens e famílias de plantas com flores: APG III". (pdf). *Botanical Journal of the Linnean Society* (161): 105-121.

3. 1 2 Stevens, P. F. (a partir de 2001). "Angiosperm Phylogeny Website (Versão 9, junho de 2008, e actualizada desde então)". Acedido em 12 de janeiro de 2009.

4. ↑ {vídeo{data web|url=https://www.youtube.com/watch?v=YSP40xXRNzQ&feature=youtu.be}}

5. 1 2 José Antonio del Cañizo (2002). *Palmeras*. Ediciones Mundi-Prensa. ISBN 84-7114-989-3.

6. ↑ Izco, J., Barreno, E. (1997). *botánica*. McGraw_Hill. ISBN 84-486- 0182-3.

7. ↑ Galeano, G.2000. Estado de conservação das palmeiras na Colômbia. In: Revista Pérez - Arbelaezia, Volume 5, No. 11 (abril); pp. 68 - 70.

8. ↑ Henderson, A. (1986). "Uma revisão dos estudos de polinização nas palmas das mãos".
Bot. Rev. (52): 221-259.

9. ↑ Zona, S.; Henderson, A. (1989). "Uma revisão da dispersão de sementes mediada por animais em palmeiras". *Selbyana* (11): 6-21.

10. ↑ Dransfield, J. (1986). "Um guia para coletar palmeiras". *Ann. Missouri Bot. Gard.* (73): 166-176.

11. ↑ Dransfield, J.; Uhl, N. W. (1998). "Palmae.". Em K. Kubitzki. *As*

famílias e gêneros de plantas vasculares. vol. 4, Monocotiledôneas: Alismatanae e Commelinanae (exceto Gramineae). Berlim: Springer-Verlag. pp. 306-389.
12. ↑ Henderson, A. (1995). *As palmeiras da Amazónia*. Nova Iorque: Oxford University Press.
13. ↑ Henderson, A.; Galeano, G., e Bernal, R. (1995). *Guia de campo para as palmeiras das Américas*. Princeton, NJ: Princeton University Press.
14. ↑ Moore, H. E. (1973). "Os principais grupos de palmeiras e sua distribuição". *Gentes Herb.* (11): 27-141.
15. ↑ Moore, H. E.; Uhl, N. W. (1982). "As principais tendências de evolução nas palmeiras". *Bot. Rev.* (48): 1-69.
16. ↑ Tomlinson, P. B. (1990). *A biologia estrutural das palmeiras*. Oxford: Clarendon Press.
17. ↑ Uhl, N. W.; Dransfield, J. (1987). *Géneros palmarum*. Ithaca, NY: L. H. Bailey Hortorium e International Palm Society.
18. ↑ Zona, S. (1997). "Os gêneros de Palmae (Arecaceae) no sudeste dos Estados Unidos". *Harvard Pap. Bot.* (11): 71-107.
19. ↑ Dransfield, J.; Uhl, N., Asmussen, C. B., Baker, W. J., Harley, M. M. e Lewis, C. E. (2005). "Uma nova classificação filogenética da família das palmeiras, Arecaceae.". *Kew Bull* (60): 559-569.
20. 1 2 Asmussen, C. B.; Dransfield, J., Deichmann, V., Barfod, A. S., Pintaud, J. -C., e Baker, W. J. (2006). "Uma nova classificação da subfamília da família das palmeiras (Arecaceae): evidências da filogenia do DNA plastidial". *Bot. J. Linnean Soc.* (151): 15-38. Acedido em 25 de fevereiro de 2008.
21. 1 2 Uhl, N. W.; Dransfield, J., Davis, J. I., Luckow, M. A., Hansen, K. H., e Doyle, J. J. (1995). "Relações filogenéticas entre palmeiras: análises cladísticas da variação morfológica e de sítios de restrição do ADN do cloroplasto". Em Rudall, P. J., Cribb, P. J., Cutler, D. F., e Humphries, C.
J. *Monocotyledons: Systematics and evolution* (Royal Botanic Gardens ed.). Kew. pp. 623-661.
22. 1 2 Hahn, W. J. (2002). "Um estudo filogenético molecular das Palmae (Arecaceae) com base nas sequências *atpB, rucL* e 18S nrDNA.". *Syst. Biol.* (51): 92-112.
23. ↑ Baker, W. J.; Zona, S., Heatubun, C. D., Lewis, C. E.,

Maturbongs, R. A. e Norup, M. V. (2006). "*Dransfieldia* (Arecaceae): um novo género de palmeira do oeste da Nova Guiné.". *Syst. Bot.* (31): 61-69.

24. ↑ Asmussen, C. B.; Baker, W. J., e Dransfield, J. (2000). "Filogenia da família das palmeiras (Arecaceae) com base no intrão *rps16* e nas sequências de ADN plastidial *trnL-trnF*". Em Wilson, K. L. e Morrison, D. A. *Monocots: Systematics and evolution* (CSIRO Publ. edition). Collingwood, Austrália. pp. 525-535.

25. ↑ Asmussen, C. B.; Chase, M. W. (2001). "Codificação e DNA plastidial não codificante na sistemática da palma". *Amer. J. Bot.* (88): 1103-1117. Acedido em 25 de fevereiro de 2008.

26. ↑ APG II (2003). "Uma atualização da classificação do grupo de filogenia de angiospermas para as ordens e famílias de plantas com flores: APG II". (pdf). *Botanical Journal of the Linnean Society* (141): 399-436. Acedido em 12 de janeiro de 2009.

27. ↑ Galeano, G. 1992. As palmeiras da região de Araracuara. Estudos na Amazónia colombiana. Faculdade de Ciências Naturais, Universidade Nacional da Colômbia. Segunda edição. Bogotá, Colômbia. 179 p.

28. 1 2 3 4 5 6 7 8 9 (c) FAO 1995. *Tropical Palms*. Introdução. http://www.fao.org/docrep/X0451E/X0451e03.htm

PRODUTOS FLORESTAIS NÃO MADEIRAS 10. FAO - Organização das Nações Unidas para a Alimentação e a Agricultura. ISBN 92-5-104213-6

REFERÊNCIAS SOBRE A ESPÉCIE

1. 1 2 3 Moya, C. (1998). **Gaussia spirituana"**. *Lista Vermelha da IUCN* 2007. IUCN 2007. Acedido em 16 de novembro de 2007.
2. ↑ "*Gaussia spirituana*". *Royal Botanic Gardens, Kew: Lista de verificação mundial de famílias de plantas selecionadas*. Acedido em 8 de dezembro de 2006 (ligação quebrada disponível no Arquivo da Internet; ver histórico e versão mais recente).
3. ↑ Henderson, Andrew; Gloria Galeano; Rodrigo Bernal (1995). *Guia de campo para as palmeiras das Américas*. Princeton, Nova Jersey: Princeton University Press. ISBN 0-691-08537-4.
4. ↑ "*Gaussia spirituana*". *Tropicos.org. Jardim Botânico do Missouri*. Acessado em 1 de março de 2015.
5. ↑ (J. Dransfield, N. Uhl, C. Asmussen, W.J. Baker, M. Harley e C. Lewis. 2008)

OUTRAS REFERÊNCIAS DE ESPÉCIES

Referências

1. ↑ "*Gaussia*". *Royal Botanic Gardens, Kew: Lista de verificação mundial de famílias de plantas selecionadas*. Acedido em 6 de agosto de 2009.
2. ↑ "*Gaussia*". *Tropicos.org. Jardim Botânico do Missouri*. Acedido em 5 de fevereiro de 2013.
3. ↑ (J. Dransfield, N. Uhl, C. Asmussen, W.J. Baker, M. Harley e C. Lewis. 2008)

- *"Gaussia* H.Wendl., Nachr. Königl. Ges. Wiss. Georg-Augusts-Univ. 1865: 327 (1865)". *Royal Botanic Gardens, Kew: Lista de verificação mundial de famílias de plantas seleccionadas*. Acedido em 12 de dezembro de 2006 (ligação quebrada disponível no Arquivo da Internet; ver histórico e versão mais recente).
- George Proctor. 2005. Arecaceae (Palmae). Pp. 135-153 *in* Pedro Acevedo-Rodríguez e Mark T. Strong. Monocots and Gymnosperms of Puerto Rico and the Virgin Islands. *Contribuições do Herbário Nacional dos Estados Unidos*, Volume 52.

LITERATURA CITADA

Acevedo-Rodríguez, P. e M. T. Strong. 2010. Catálogo de plantas com sementes das Índias Ocidentais. *Smithsonian Contributions to Botany* 98: 1-1192.

Agrawal, S., P. Joshi, Y. Shukla e Roy P. 2003. Spot-Vegetation multi temporal data for classifying vegetation in South Central Asia. *Curr. Sci. India* 84 (11): 1440-1448.

Alain, Br. 1953. Flora de Cuba 3. Dicotiledóneas: Malpighiaceae a Myrtaceae. Contribuições *Ocasionais do Museu de História Natural do Colégio "De La Salle"* 13: 1-472.

Alain, Br. 1957. Flora de Cuba 4. Dicotiledóneas: Melastomataceae a Plantaginaceae. *Contribuições Ocasionais do Museu de História Natural do Colégio "De La Salle"* 16: 1-556.

Alain, Br. 1964. *Flora de Cuba 5. Dicotiledóneas: Rubiaceae a Compositae*.

Asociación de Estudiantes de Ciencias Biológicas, Havana, 320 pp.

Alain, Br. 1974. *Flora de Cuba. Suplemento.* Instituto Cubano do Livro. Havana, 150 pp.

Alanís, E. 2010. Regeneração natural e restauração ecológica pós-incêndio de uma floresta mista no Parque Ecológico Chipinque, México. Tese de doutoramento [não publicada]. Faculdade de Ciências Florestais, Universidad Autónoma de Nuevo León, 119 pp.

Aymard, G., J. F. Quin, M. Rugiero, e G.S. Waggoner. 1995. The 0.1 Hectare methodology: a method for rapid assessment of woody plant diversity. *Folha de Apoio* 7(1): 1-16.

Báez, S. A., L. Pintado e F. Hernández. 2016. Relação entre aves e variáveis dendrométricas em plantações de *Pinus caribaea* Morelet var. *caribaea.*

W. H. Barret et Golfari em Viñales, Cuba *Revista Mexicana de Ciencias Forestales* 7(33): 8-19.

Barbour, M. G., J. H. Burk e W. D. Pitts. 1987. *Terrestrial Plant Ecology.* Segunda edição. The- Benjamin/Cummings Publishing Company, Califórnia, 634 pp.

Barrios, D. 2008. Biologia da polinização de *Leptocereus scopulophilus* (Cactaceae) em Pan de Matanzas, Cuba. Tese de bacharelato. Faculdade de Biologia, Universidade de Havana, 44 pp.

Barrios, D. 2012. Estrutura populacional, dispersão e microsites de recrutamento de *Leptocereus scopulophilus* (Cactaceae), Cuba. Tese de mestrado. Jardim Botânico Nacional de Cuba, Universidade de Havana, 51 pp.

Berazaín, R. 2008. Atualização da lista de géneros endémicos de espermatófitos. *Revista do Jardim Botânico Nacional* 29 (3):3-10.

Berazaín, R., F. Areces, J. Lazcano e L. R. González-Torres. 2005. *Lista vermelha da flora vascular cubana*. Documentos Jardín Botánico Atlántico, Gijón, 86 pp.

Betancourt, J., A. Paz, E. Díaz e M. Faife. 2015. *Melocactus guitartii* León: a conservação de um endémico da flora Spíritus. *Flora y fauna* 19 (1): 17 20.

Borhidi, A. 1991. *Phytogeography and vegetation ecology of Cuba*. Akadémiai Kiadó, Budapeste. 858 pp.

Braun-Blanquet, J. 1964. *Pflazensociologie*. SpringerVerlag, Vienne-New York, 885 pp.

Bullock, J. M. 2006. Plantas. Pp. 186-213. In: *Ecological Census Techniques: a handbook* (W. J. Sutherland, Ed.) Cambridge University Press. Nova Iorque, 432 pp.

Capote, R. P. e R. Berazaín. 1984. Classificação das formações vegetais de Cuba. *Revista Jardín Botánico Nacional* 5 (2): 27-75.

Capote, R. P., E. E. Garcia e C. Sanchez. 1983. A vegetação da Estação Ecológica da Serra do Rosário. *Revista do Jardim Botânico Nacional* 4 (2): 97-143.

Duivenvoorden, J. F. 1994. Contagem de espécies de plantas vasculares na floresta tropical da zona média de Caquetá, Amazónia colombiana. *Biodiversity and Conservation* 3: 685-715.

Elzinga, C. L., D. W. Salzer, e J. W. Willoughby. 1998. *Measuring and monitoring plant populations*. Bureau of Land Management, Califórnia, 477 pp.

Esparza-Olguín, L.; Valverde, T. e E. Valchis-Anaya. 2002. Análise demográfica de um cato colunar raro (*Neobuxbaumia macrocephala*) no Vale de Tehuacan, México. *Biological Conservation* 103: 349-359.

Fairbanks, D. e K. Mcwire. 2004. Patterns of floristic richness in vegetation communities of California: Regional scale analysis with multi-temporal NDVI. *Global Ecology and Biogeography* 13 (3): 221-235.

Falcón, A., J. P García-Lahera e N. V. Hernández. 2016. Novas localidades para *Maxonia apiifolia* (*Dryopteridaceae*) em Sancti Spíritus, Cuba. *Revista Cubana de Ciências Biológicas* 5 (1): 23-31.

Feeley, K. J., T. Gillespie e J. Terborgh. 2005. A utilidade dos índices espectrais do lysat ETM+ para medir a estrutura e a composição das florestas tropicais secas. *Biotropica* 37 (4): 508-519.

Feinsinger, P. 2004. *A conceção de estudos de campo para a conservação da biodiversidade*. Editorial FAN, Santa Cruz de la Sierra, 242 pp.

Finol, H. 1971. Novos parâmetros a serem considerados na análise estrutural das florestas tropicais virgens. *Revista Forestal Venezolana* 14 (21): 29- 42.

´´´´Garcıa-Beltra n, J. A., J. L. Fiallo, N. Esquivel, K. Meirama, I. Rodrıguez, B. Falco n, V. Pe rez e L. R. Gonza lez-Torres. 2016. ´Efeito do fogo na estrutura populacional de *Hypericum styphelioides* subsp. *styphelioides* (Hypericaceae) na Reserva Ecológica "Los Pretiles", Cuba. *Revista do Jardim Botânico Nacional da Universidade de Havana* 37: 19-27.

Gatsuk, L. E., O. V. Smirnova, L. I. Vorontzova, L. B. Zauglnova e L. A. Zhukova. 1980. Estágios de idade de plantas de várias formas de crescimento: uma revisão. *Journal of Ecology* 68: 675- 696.

Gentry, A. H. 1992. Tropical forest biodiversity: distributional patterns and their conservational significance. *Oikos* 63:19-28.

Godínez-Álvarez, H., J. E. Herrick, M. Mattocks, D. Toledo e J. Van Zee. 2009. Comparação de três métodos de monitorização da vegetação: a sua utilidade relativa para a avaliação e monitorização ecológica. *Indicadores Ecológicos* 9: 1001- 1008.

Gómez-Hechevarría, J. L. 2016. *Spirotecoma holguinensis* uma espécie a ter em conta na restauração ecológica. *Bissea* 10 (número especial 1):76. Gómez-Hechavarría, J. L. e N. Cuellar. 2011-2012. Flora dos serpentinitos de San Andrés, Holguín, Cuba *Revista del Jardín Botánico Nacional* 32-.
33: 111-124.

González-Gutiérrez, P. A., J. L. Gómez-Hechavarría, O. Leyva y Y. Hernández. 2015. Flora da Reserva Florística Manejada cabo Lucrecia-punta de Mulas, Banes, Holguín. *Revista del Jardín Botánico Nacional* 36: 65-77.

González-Gutierrez, P. A., S. I. Suárez, S. Sigarreta, A. Fernández e O. Laffita. 2004-2005 Flora e vegetação de Caletica, Rafael Freyre, Holguín. *Revista do Jardim Botânico Nacional* 25/26: 131-140.

González-Oliva, L., M. A. Gutiérrez, A. Urquiola e A. Urquiola. 2004. Padrão espacial de *Buxus wrightii* Muell. Arg., uma espécie endémica da região ultramáfica de Cajálbana. Pp. 55-56. Em *Ultramafic Rocks: Their soils, Vegetation and Fauna* (Boyd R., Baker A. e J. Proctor, Eds.) Science Reviews, St Albans. UK.

González-Oliva, L. 2010. *Ecologia populacional e características da história de vida do endémico Amaranthus minimus* (Amaranthaceae): implicações para a sua conservação. Tese de doutoramento. Faculdade de Biologia, Universidade de Havana, 121 pp.

González-Oliva, L., L. R. González-Torres, A. Palmarola e D. Barrios (Eds.). 2014. Categorização dos táxons da flora de Cuba - 2014. *Bissea* 8 (edição especial 1): 5-307.

González-Oliva, L., L. R. González-Torres, A. Palmarola e D. Barrios (Eds.). 2015. Categorização dos táxons da flora de Cuba - 2015. *Bissea* 9 (número especial 4): 3-707.

González-Robledo, A., L. Robledo e A. Enríquez. 2010. Flora e vegetação de "Lomas de Galindo" Canasí, Havana. *Revista do Jardim Botânico Nacional* 30-31: 39-50.

González-Torres, L. R. e R. Berazaín. 2004. A vegetação serpentina das colinas de La Coca, cidade de Havana. *Revista del Jardín Botánico Nacional* 25-26: 79-86.

González-Torres, L. R., A. Palmarola, E. R. Bécquer, R. Berazaín, D. Barrios e J. L. Gómez-Hechavarría. 2013. Top 50: As 50 plantas mais ameaçadas de Cuba. *Bissea* 7 (edição especial 1): 1-107.

González-Torres, L. R, A. Palmarola, D. Barrios, L. González-Oliva, E. Testé,
E. R. Bécquer, M. A. Castañeira-Colomé, J. L. Gómez-Hechavarría,
J. A. García-Beltrán, D. Rodríguez-Cala, R. Berazaín, L. Regalado e L. Granado.2016. Estado de conservação da flora de Cuba. Bissea10 (NE1): 1-23.

González-Oliva, Ferro, Rodríguez-Cala e Berazaín. 2017. Métodos para o inventário de populações. Capítulo 8. Métodos de inventário de plantas. In: *Diversidad Biológica de Cuba. Métodos de inventario, monitoreo y colecciones biológicas (*C. A. Mancina e D. D. Cruz Flores,

Eds.). Editorial AMA, Havana, 502 pp.

Granado, L. 2015. *Estrutura populacional de* Magnolia cubensis subsp. acunae. 2015. Tese de bacharelato. Faculdade de Biologia, Universidade de Havana.

Granado, L., R. Núñez, D. Martínez, S. Delfín, B. Falcón, V. Pérez e L. R. González-Torres. 2016. Estrutura populacional de *Tabebuia lepidophylla* (Bignoniaceae) na floresta de pinheiros em areias quartzíticas da Reserva Ecológica Los Pretiles, Pinar del Río, Cuba. *Revista do Jardim Botânico Nacional* 37: 29-37.

Gras, M. J., J. Raventós, A. Bonet e D. A. Ramírez. 2002. Análise multiescalar dos padrões de distribuição da *Vella lucentina* MB Crespo (Brassicaceae), endémica de Alicante, e implicações para a sua conservação. *Geographicalia* 42: 93-112.

Guzmán, J. M. e L. Menéndez. 2013. *Protocolo de monitorização do ecossistema dos mangais*. Centro Nacional de Áreas Protegidas, Havana.
29 pp.

Hegazy, A. K. e N. M. Eesa. 1991. On Ecology, insect seed-predation and conservation of rare and endemic plant species: *Ebenusarmitagei* (Leguminosae). *Conservation Biology* 5(3): 317-324.

Henderson, A., G. Galeano e R. Bernal. 1995. Guia de Campo Palmeiras das Américas 1-
352. Princeton University Press, Princeton, Nova Jersey.

Hernández, M. e D.D. Cruz. 2016. Cobertura vegetal natural nos Parques Nacionais de Cuba: análise multitemporal e variação futura.
8. Métodos de inventário de plantas ra das condições bioclimáticas.
Journal of the National Botanical Garden 37: 93-102.

Judd, W. S. S.; C. S. Campbell, E. A. Kellogg, P. F. Stevens, M. J. Donoghue (2007). "Arecaceae. *Plant Systematics: A Phylogenetic Approach, 3rd ed.* Sunderland, Massachusetts: Sinauer Associates. pp. 278-280. ISBN 978- 078-87893-407-2.

Krebs, C. J. 1999. Metodologia Ecológica. 2ª ed. Benjamin/Cummings.

León, Br. e Br . Alain. 1951 . Dicotiledóneas:

Casuarinaceae a Meliaceae. *Contribuições Ocasionais do Museu de História Natural do Colégio "De La Salle"* 10: 1-424.
Leon, Br. 1946. Flora of Cuba 1. Gymnosperms to Monocotyledons. *Contribuições Ocasionais do Museu de História Natural do Colégio "De La Salle"* 8: 1-405.
López, E., E. Bicerra e E. Díaz. 2006. Perfil ecológico de quatro povoamentos de camucamu *Myrciaria floribunda* (H. West. ex Willd) O. Berg. em Ucayali. *Ecología Aplicada* 5: 45-52.
Martínez, E. 2014. Descrição de novas fitocenoses na planície ofiolítica da província de Camagüey, Cuba. *Revista do Jardim Botânico Nacional* 34-35: 19-28.
Martínez, E. e O. J. Reyes. 2015. Caracterização da vegetação do planalto de San Felipe em Camagüey, Cuba, para fins de conservação. *Journal of the National Botanical Garden* 36: 19-30.
Martínez, E., Z. Acosta, D. Godínez e J. M. Plasencia. 2009-2010. Novas fitocenoses na planície ofiolítica da província de Camagüey, Cuba. *Revista do Jardim Botânico Nacional* 30-31: 141-152.
Matos, J. e A. Torres Bilbao. 2000. Estádios sucessionais iniciais do Cuabal nas serpentinas de Santa Clara. Revista del Jardín Botánico Nacional 21(2): 167-184.
Matteucci, S. D. e A. Colma. 2002. *Metodologia para o estudo da vegetação*. CONICET, Argentina, 159 pp.
Menéndez, L., R. Capote, J. M. Guzmán, L. F. Rodríguez e A. V. González. 2006. Saúde do ecossistema dos mangais no Arquipélago de Sabana-Camaguey: Padrões e tendências à escala da paisagem. Menéndez, L. e J.
M. Guzmán (Eds.) Ecosistema de manglar en el archipiélago cubano. UNESCO, Havana.
Menges, E.S. 1990. Análise da viabilidade populacional de uma planta ameaçada de extinção.
Conservation Biology 4(1): 52-62.
Noss, R.F. 1990. Indicadores para a monitorização da biodiversidade: uma abordagem hierárquica.
Conservation Biology 4 (4): 355-364.
Oviedo, R. e L. González-Oliva. 2015. Lista nacional de espécies vegetais invasoras e potencialmente invasoras na República de Cuba - 2015. *Bissea* 9 (número especial 2): 5-91.

Oviedo, R., M. Fernández e M. A. Vales. 1988. Estudo florístico de Cayo Alfiler. Finca Toscano. Pinar del Río. *Revista del Jardín Botánico Nacional* 9(3): 75-84.
Oviedo, R., P. Herrera, M. Caluff, L. Regalado, I. Ventosa, J. M. Plasencia, I. Baró, P. A. González, J. Pérez, L. Hechavarría, L. González- Oliva, L. Catasús, J. Padrón, S. I. Suárez, R. Echevarría, I. M. Fuentes, R. Rosa,
P. O.
Rodríguez, W. Bonet, M. Villate, N. Sánchez, G. Begué, R. Villaverde, T. Chateloin, J. Matos, R. Gómez, C. Acevedo, J. Lóriga, M. Romero, I. Mesa, A. Vale, A. T. Leiva, J. A. Hernández, N. E. Gómez, B. L. Toscano,
M. T. González, A. Menéndez, M. I. Chávez e M. Torres. 2012. Lista nacional de espécies de plantas invasoras e potencialmente invasoras na República do México.
Cuba - 2011. *Bissea* 6 (NE 1): 22-96.
Pérez, E. e M. Armas. 1987. Efeito da perturbação por ceifa na vegetação herbácea da savana. *Journal of the National Botanical Garden* 8 (1): 53-67.
Primack, R., R. Rozzi, P. Feinsinger, R. Dirzo e F. Massardo. 2001. *Fundamentos da conservação biológica. Perspectivas latino-americanas.* Fundo de Cultura Económica. México, DF. 797 pp.
Quero, H. J. 1994. Palmae. Fl. Veracruz 81: 1-118.
Quero, H. J. & R. W. Read. 1986. Uma revisão do género de palmeiras Gaussia. Syst.
Bot. 11(1): 145-154.
Rodríguez-Cala, D. e L. González-Oliva. 2015. Invasão e impacto de *Tithonia diversifolia* (Asteraceae) na Paisagem Natural Protegida Topes de Collantes, Cuba. *Revista do Jardim Botânico Nacional* 36: 151-162.
Rodríguez-Cala, D., R. Valdez, A. Dulón, M. Osés, R. Pérez, Z. Esquivel, B. Falcón, V. Pérez e L. González-Oliva. 2017. Estado de conservação de *Erigeron bellidiastroides* (Asteraceae) na nova localidade Los Pretiles, Pinar del Río, Cuba. *Jornal do Jardim Botânico Nacional* 38: 43-50.
Romero-Jiménez, M., L. Más, R. Oviedo, J. A. Pegudo, A. Arias e L. Morales. 2015. Status de *Scaevola sericea* (Goodeniaceae) no nordeste do cayo de Villa Clara, Cuba. *Revista del Jardín Botánico*

Nacional 36: 181-187.
Samek, V. 1973. Regiões fitogeográficas de Cuba. *Academia Cubana de Ciências. Serie. Forestal* 15:1-60.
Sánchez, J. A., B. Muñoz e L. Montejo. 2009a. Traços de sementes de árvores numa floresta tropical sempre-verde da Sierra del Rosario, Cuba. *Pastures and Forages* 32(2): 141-164.
Sánchez, J. A., B. Muñoz, L. Montejo e R. Herrera. 2009b. Agrupamento ecológico de árvores tropicais numa floresta sempre verde da Sierra del Rosario, Cuba. *Ata Botánica Cubana* 204:14-23.
Silva, J. F.; J. Raventos, H. Caswell e M. C. Trevisan. 1991. Respostas populacionais ao fogo em uma gramínea de savana tropical, *Andropogon semiber bis*: uma abordagem de modelo matricial. *Journal of Ecology* 79: 345-356.
Silva, J. F. e J. Raventos. 1999. Efeitos da renovação de rebentos no final da estação seca no crescimento de três gramíneas do cerrado com diferentes fenologias. *Biotropica* 31 (3): 430-438.

Simpson, Michael G. (2005). "Arecaceae. *Plant Systematics*. Elsevier Inc. pp. 185-188. ISBN 0-12-644460-9 ISBN 978-0-12-644460-5.
Stohlgren, T. J., M. B. Falkner e L. D. Shell. 1995. Como estabelecer um método de amostragem de vegetação aninhada de whittaker modificado. *Vegetatio* 117: 113-121.
Sutherland, W. J. 1995. *Census Techniques*. Blackwell Science, Oxford. Sutherland, W. J. 2006. *Ecological Census Techniques: a handbook*.
Cambridge University Press. Nova Iorque, 432 pp.
Testé E., L. González-Oliva e A. Márquez. 2015. Invasão atual e potencial da árvore tóxica *Rhus succedanea* (*Anacardiaceae*) na Paisagem Natural Protegida de Topes de Collantes, Cuba. *Revista del Jardín Botánico Nacional* 36: 173-180.
Turner, W., S. Spector, N. Gardiner e M. Flodely. 2003. Remote sensing for biodiversity science and conservation. *Árvore* 18: 306-314.
IUCN (União Internacional para a Conservação da Natureza). 2001. Categorias e critérios da Lista Vermelha da IUCN: versão 3.1. Comissão de Sobrevivência das Espécies da IUCN. IUCN, Gland, Suíça e Cambridge, Reino Unido. ii + 33 pp.
Urquiola, A., L. González-Oliva, R. Novo e Z. Acosta. 2010. *Libro rojo*

de la flora vascular de la provincia Pinar del Río. Publicações Universidade de Alicante, Alicante, 457 pp.
Zippel, E., T. Wilhalm e C. Thiel-Egenter. 2010. Métodos de amostragem de plantas superiores. Pp. 346- 376. In: *Manual on field recording techniques and protocols for all taxa biodiversity inventories and monitoring* (Eymann, J., J. Degreef, C. Häuser, J.C. Monje, Y. Samyn e D. Vanden Spiegel, eds). ABC Taxa, vol 8, 653 pp.

MIX
Papier aus verantwortungsvollen Quellen
Paper from responsible sources
FSC® C105338

Printed by Books on Demand GmbH, Norderstedt / Germany